动物王国大探秘

Discovery of Animal Kingdom

听鲨鱼讲故事

[英]史蒂夫·帕克/著 [英]彼特·大卫·斯科特/绘
孙金红/译

长江出版传媒 | 长江少年儿童出版社

鲨鱼的非凡生活从这里开始……

我是一只双髻鲨，

欢迎来到我的时代。

不要怕，鲨鱼可不一定都是凶狠的，

像我，虽然长了个奇怪的大脑袋，

但是，我真的是很温柔的！

我只在很饿很饿的时候才吃一些小鱼儿，

当然，捕食还得借助于我的“电感应”哦！

我跟其他鲨鱼一样生活在大海里，

海豚和海牛都是我的好朋友，

大白鲨、公牛鲨、虎鲨却是我的敌人。

我害怕的还有一种东西——船，

尤其是那种带着网的船，

我的伙伴多莉差点就回不来了。

我生活中还发生了许多事，

有好玩的，也有惊险的，

今天就跟大家讲讲我身上的故事吧！

看我独一无二的脑袋!

目　录

世界，你好！

今天我游过海藻花园到达浅滩。这是我记住的第一个地方，因为我就是在这里出生的。在那里，我看见了很多双髻鲨宝宝和鲨鱼妈妈。这让我想起了自己还是“幼鲨”时候的事情，我们双髻都是这么称呼鲨鱼宝宝的。

交配之前，雌性双髻鲨会撞击雄性双髻鲨。

雄性双髻鲨会缠绕着雌性双髻鲨。

很快，我发现鲨鱼跟大部分鱼类一样，并不是称职的父母。我和我的兄弟姐妹们只能靠自己学习游泳和捕猎，有些幼鲨会被其他鱼类甚至是其他鲨鱼吃掉。

幼鲨出生时约50厘米长。

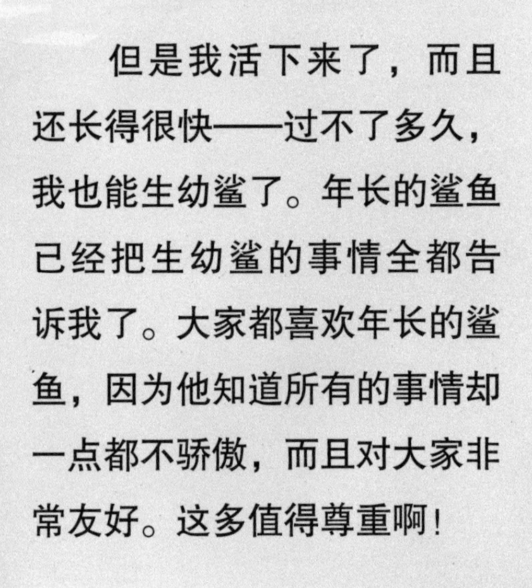

但是我活下来了，而且还长得很快——过不了多久，我也能生幼鲨了。年长的鲨鱼已经把生幼鲨的事情全都告诉我了。大家都喜欢年长的鲨鱼，因为他知道所有的事情却一点都不骄傲，而且对大家非常友好。这多值得尊重啊！

空的鲨鱼卵囊被称为“美人鱼的小钱包”。

这里面的蛋黄是为幼鲨准备的食物。

年长的鲨鱼说，不是所有种类的鲨鱼都可以生小鲨鱼。有一些鲨鱼是将卵产在坚固的卵囊里，然后把它放在海床上。那些卵在卵囊里慢慢长成幼鲨，幼鲨以里面的卵黄囊为食。最后，幼鲨会咬开垫形鞘出来，对外面的世界说声：“你好！”

这些卷须可以帮助卵囊固定在礁石或海底植物上。

幼鲨很快学会了摆动尾巴游泳。

大脑袋

现在，我快长大了，要开始吃新的食物。我学会了如何捕食扁平的鱼类，比如鳐鱼和魟鱼。他们趴在海床上的时候，几乎和海床融为一体，这叫作“伪装”。有时，他们会把身体埋在沙子或石头下面，但我的超级嗅觉还是可以找到他们。

我们宽大、扁平的脑袋是独一无二的！

我嘴巴周围的皮肤非常敏感。

我们的皮肤能感觉到水流和温度。

我的脑袋形状比较奇怪，看起来可能有点好笑，可是它的用途可大了！快看我的眼睛，有了它们，我的视野比别的鲨鱼都要宽广。我的鼻孔也分得很开，这可以让我嗅到两侧的味道。

蝠鲼也长了个很奇怪的脑袋！前端有两个像桨一样的头鳍，可以控制进入嘴巴里的水。她是这样进食的：水进入嘴里的时候，将细小的浮游生物带进来。

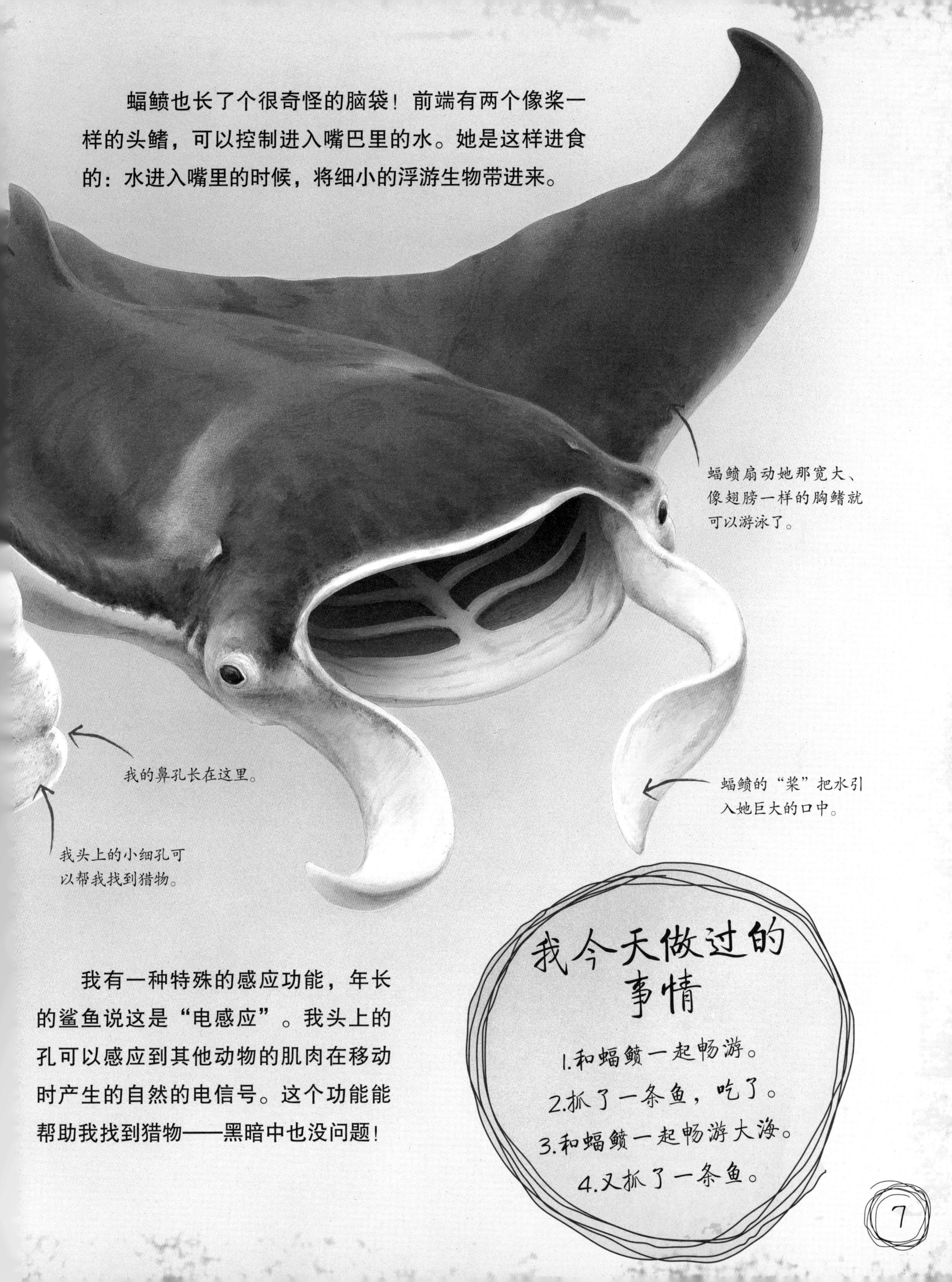

我有一种特殊的感应功能，年长的鲨鱼说这是“电感应”。我头上的孔可以感应到其他动物的肌肉在移动时产生的自然的电信号。这个功能能帮助我找到猎物——黑暗中也没问题！

我今天做过的事情

1. 和蝠鲼一起畅游。
2. 抓了一条鱼，吃了。
3. 和蝠鲼一起畅游大海。
4. 又抓了一条鱼。

海　湾

我和我的兄弟姐妹都在海湾静静的水下长大。我知道这里所有的岩洞、沉船和其他隐秘的地方。如果有更大的鱼想要捕食我，我就会快速地游到其中一个地方躲起来。

我现在游泳比小时候好多了，不用翻转身体就可以转弯了。别以为这听上去很简单，要自如控制八个鳍可不容易！

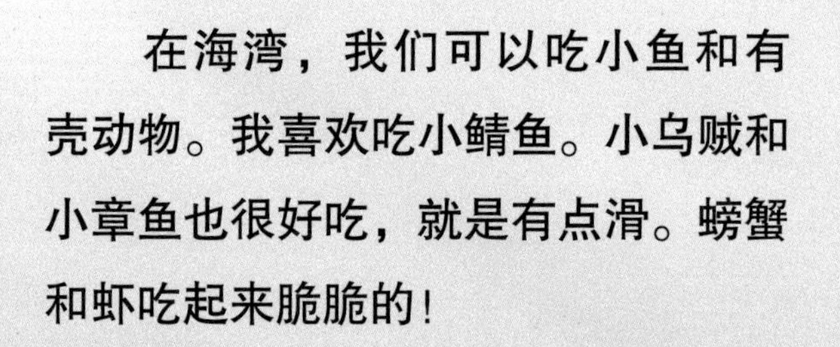

在海湾，我们可以吃小鱼和有壳动物。我喜欢吃小鲭鱼。小乌贼和小章鱼也很好吃，就是有点滑。螃蟹和虾吃起来脆脆的！

双髻鲨

分类：鱼类——鲨鱼

成年体长：达 4.5 米

成年体重：近 1 吨

栖息地：热、温带海洋，尤其是海岸附近。

食物：鱼类，包括其他鲨鱼和魟鱼，也吃乌贼、章鱼、蟹类和虾类等有壳动物。

特征：头部宽大，形状如扁锤；眼睛和鼻孔分布在锤的两端。

这位成年鲨鱼前面的背鳍被咬了，一定很痛！

沉船是个很好的藏身之地。

今天，我咬了一口海底的木头，这样我就可以数数看我有多少颗牙齿了。我长了30颗牙齿，成年鲨鱼有50多颗呢。好厉害！

这是我留下的牙齿印。

游泳知识

很久以前，那时我还小，我朝着深深的暗礁游去。很奇怪！那里水很多，也很冷，动物很少。我很快就觉得累了，于是又游回海岸附近的暖水区去了。

尾巴挥动得越快，我游的速度就越快。

和大部分鲨鱼一样，我得一直游动，不然就会沉下去。

我总是忘记用臀鳍。

游泳时要记住的事

1.向两侧摆动尾鳍。

2.头部稍微向上仰。

3.转弯的时候要倾斜胸鳍。

4.翻转的时候要倾斜背鳍。

5.要时刻警惕危险，比如更大的鲨鱼和船。

今天，我要游到远一点的地方去玩一会，也顺便好好练习游泳。我发现鲨鱼鳍太僵硬了，不能像其他鱼类一样快速地扭动、转弯。他们的鳍柔韧性很好，有些还能像扇子一样打开和收起来。

学习如何使用鳍

首先只摆动一只鳍，看看对游泳会产生什么影响。每只鳍都依次试试。然后开始每次用两只鳍，接下来每次用三只鳍，以此类推。

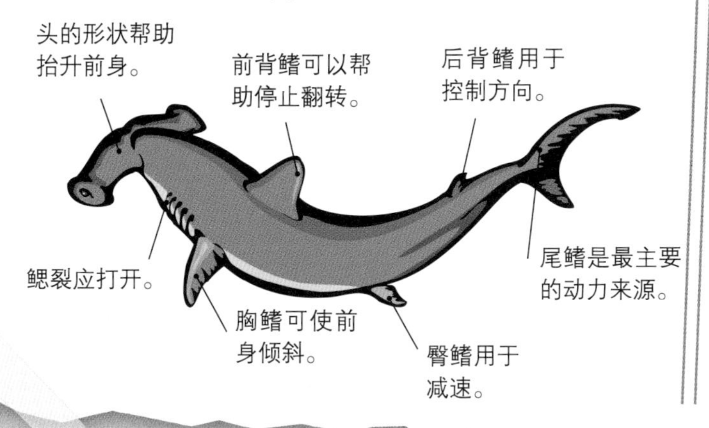

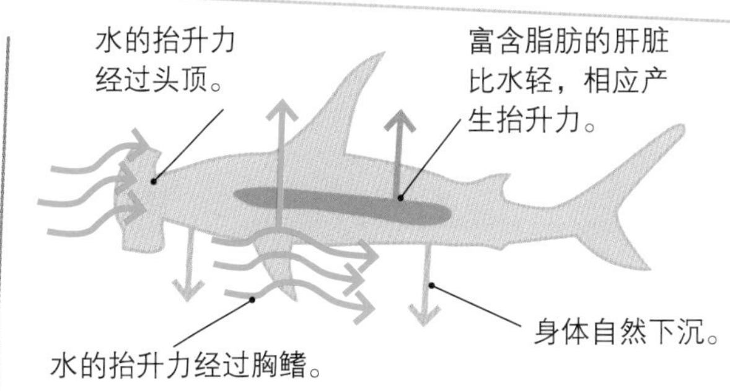

上浮与下潜

作为一条鲨鱼，你和别的鱼类不同，因为你没有鱼鳔。其他鱼类的鱼鳔可以帮助他们上浮和下潜。但是你只有一个巨大的肝脏（消化系统的一部分），富含油分。这些油比水轻，可以帮助你浮在水中。

《鲨鱼的技能》这本书帮了我很大的忙。它教我如何使用身体各部位的鳍，还解释了形状奇怪的头部是如何帮助我漂浮在水中的。当水从我头顶或头下面流过时，我的头部将受到向上的抬升力而抬起，这样就不容易直接沉下去了，真棒！

我的邻居们

鲨鱼其实是很孤独的。我喜欢和别的动物聊天，但每当我靠近他们时，他们常常都躲起来或者逃走。我并不想把他们全吃掉。只是吃一两个，而且只是有时候吃而已。

章鱼可以变成明亮的红色、绿色，或两者之间的颜色。

螃蟹可以借助她的八只脚快速地逃走。

章鱼真的很厉害。他可以瞬间改变他身体的形状和颜色。这是一只加勒比礁章鱼，主要在夜间捕食。我吃过几次章鱼——非常有嚼劲。

岩礁那里有很多吃起来嘎嘣脆的螃蟹。大西洋蓝蟹对我来说只是零食。我从后面咬住他们，这样他们就夹不到我的嘴了。

打开海螺的硬壳对我来说太费力了。

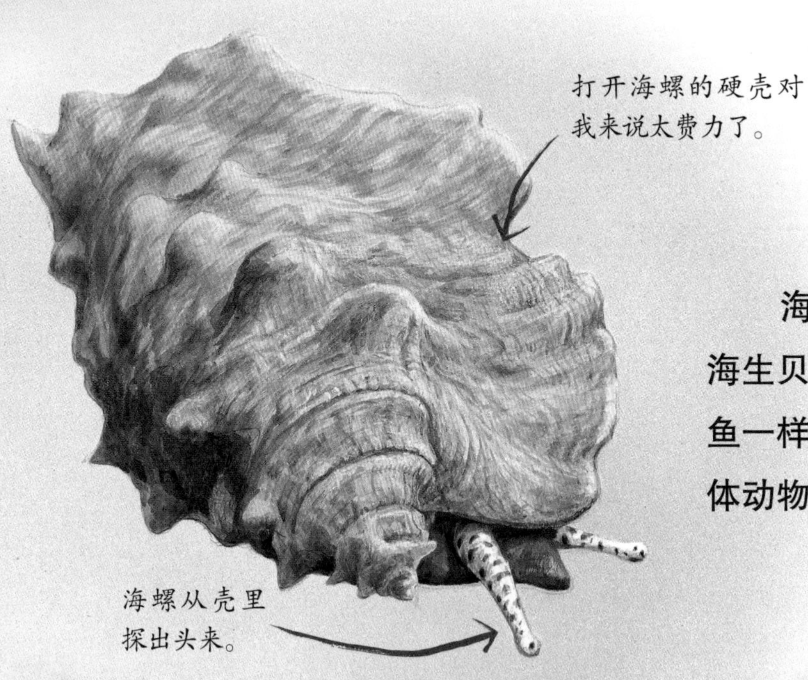

海螺从壳里探出头来。

海螺是一种海生贝类。她和章鱼一样，属于“软体动物”的一种。

在我们这个浅滩上，大马克是鲭鱼中最大的。他是个恐怖的猎食者。我看见他捕食小鱼，还从中学了几招。

和岩礁的其他海星一样，这只红色海星也有五只脚。

我真的不理解海星这种动物。他们没有大脑、没有眼睛，而且他们动作超级慢！但是，岩礁上有几千只海星。他们的食物是海绵、珊瑚和小型动物，比如蠕虫和贝类。

鲭鱼：朋友还是敌人？

1. 有时候大鲭鱼是我的朋友。他们把小鱼追赶到我这里。

2. 大鲭鱼也可以是敌人。他们会偷走我想吃的鱼。

3. 鲭鱼既是捕猎者，也是被捕者。大鲭鱼会捕食幼鲨，我会捕食鲭鱼！

令人讨厌的噪音

赛艇比赛威胁海湾动物

航空摄影师艾伯特·罗斯从空中拍摄到的非同寻常的画面。

通知所有鱼类和其他海洋动物：明天将是今年以来海湾最危险的一天。各种形状、各种大小的、令人讨厌的船明天会反复来往进行比赛。届时，这里会非常嘈杂，汽艇的螺旋桨旋转起来会嗡嗡响，快艇的外壳锋利且深入水下，身材小巧的划水者常掉进水里。特此警告所有海洋动物明天藏起来或者离开一天。海湾避难巡逻队的安全长官桑迪给你们如下建议：

● 海星——躲在最近的岩石下。

● 贝类——躲在壳内。

● 蟹类——挖洞藏在沙子下面。

● 水母——由于你们无力游泳，按照我们上周的建议，你们应该已经离开了。

● 蠕虫和虾类——挖个洞藏在泥里面。

● 小鱼——找个岩石缝躲起来。

● 大型鱼类，包括鲨鱼——动身到深水区。

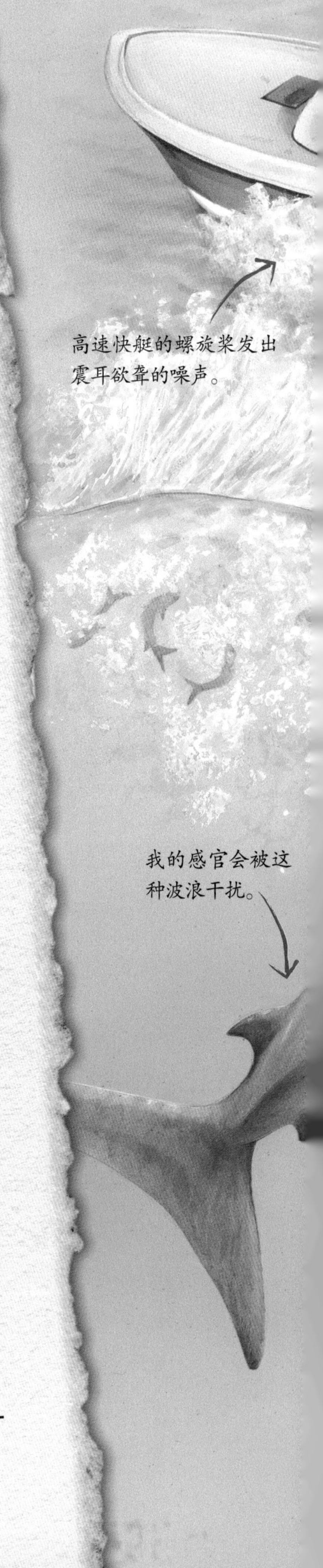

海湾每年都有一场盛大、致命的赛事。船只像发疯了一样到处冲。我不知道也无法理解他们到底在干什么？但是我知道，每次我都有很多朋友被撞伤，甚至被撞死。可怜的老曼妮今年就被撞到了。

曼妮是我认识的最温和的食草动物。她的背被一艘快速游艇的螺旋桨划伤了，伤得很严重。一些鲨鱼闻到血腥味，迅速地从远处聚集过来。但是大家都很爱曼妮，没有去攻击她，希望她能康复。

西印度海牛

分类： 哺乳动物——海牛

成年体长： 达 4 米

成年体重： 重达 600 千克

栖息地： 沿海、浅海、河口及河流中。

食物： 海草和其他植物。

特征： 鼻子弯曲有须，前脚如蹼，尾巴巨大如桨。

各种各样的鲨鱼

今天太忙了。一大群鱼游到了岩礁。每次发生这种事情，我的一大群表兄弟姐妹就会突然现身饱餐一顿。水打着旋，我们就在旋涡里迅速地捕食。我们必须得小心不要咬到同类。太吓人啦！

鲸鲨的嘴巴太大了，几乎能把我给吞下去！

公牛鲨的眼睛非常小。

公牛鲨的脾气真的像公牛一样臭。他把小鲨鱼，像我这样的，都赶到一边去。哼，等我长大了，会比他还大，走着瞧！

岩礁附近的鲨鱼大部分都是加勒比海礁鲨，跟我的朋友克瑞伯一样。她没有成年双髻鲨大，但她是个速度非常快的捕食者。

克瑞伯身材苗条，身体呈流线型。

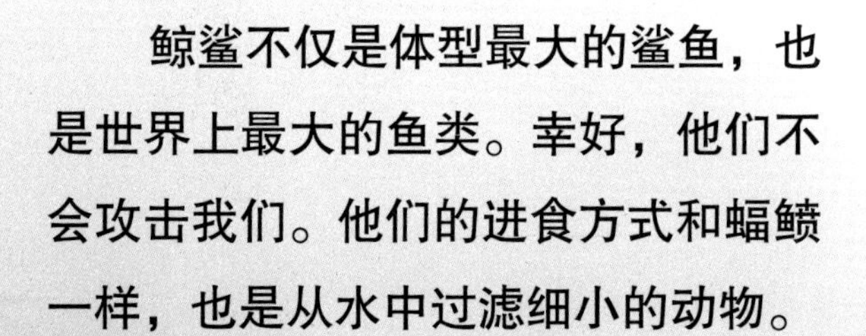

鲸鲨不仅是体型最大的鲨鱼，也是世界上最大的鱼类。幸好，他们不会攻击我们。他们的进食方式和蝠鲼一样，也是从水中过滤细小的动物。

鲸　鲨

分类： 鱼类——鲨鱼

成年体长： 12 米以上

成年体重： 达 20 吨

栖息地： 温暖的海域

食物： 小型动物，如虾类、鱿鱼、幼鱼、浮游生物。

特征： 体型庞大，巨大的嘴用于吸入海水，然后用腮过滤食物。

引水鱼常常跟在鲨鱼身旁。

虎鲨什么都吃，从水母到龟类。

虎鲨身上的条纹会随着年纪的增长慢慢消失。

虎鲨是种狡诈的鲨鱼。他看上去又慢又懒，但是会突然发起有力的攻击。他之所以被叫作虎鲨，是因为他背上的条纹和老虎纹相似。这是年长的鲨鱼告诉我的，我至今也没见过老虎。

飓风席卷岩礁区

巨浪拍打着礁石

昨天飓风席卷了岩礁大部分地区。狂风掀起了巨浪，周围的珊瑚开裂、巨石粉碎。记者梭鱼巴里说："据我统计，有上百只鱼受伤、200 多只贝类失踪，还有 250 只螃蟹无家可归。珊瑚要花 50 年才能恢复原貌。现场真是令人心碎。"

我被冲走了

昨晚好险！我听到海浪拍打岩礁时震耳欲聋的声音，巨大的水流把我冲到一个叫"河"的地方。这里有很多我从来没见过的奇怪动物，但是我听过他们的故事。

我不喜欢河，这里的水不咸。

鲑鱼努力地向大海游去，他们要在那里长大。

这些鱼叫作"鲑鱼"，他们看上去真的很好吃，有很多动物都以他们为食物。他们既可以在河里生活，也可以在海里游玩。

这个家伙看上去真的很凶猛。美洲短吻鳄讨厌咸咸的海水。飓风中的大浪把他卷到海里了，但是他又以最快的速度回到了河里。

你见过鼻子长得像锯鳐一样奇怪的鱼吗？她和蝠鲼都是鳐鱼类——都是我的亲戚。鲨鱼和鳐鱼的骨架都是软骨构成的，不像其他鱼类那样有骨头。

锯　鳐

分类：鱼类——鳐鱼

成年体长：最长可达 9 米

成年体重：500 千克以上

栖息地：温暖的河流、湖泊、咸水湖、河口和大西洋浅海区。

食物：鱼类、蟹类、贝类、蠕虫、虾和其他动物。

特征：长而扁平的鼻子两侧有牙齿，可以翻动软泥和沙子来捕食；身体扁平。

幸免于难

我逃出河流回到了岩礁。但是又遇到了更糟糕的情况！有一群可怕的船只拖着令人讨厌的渔网从这里通过。我看见海豚多莉被困在一张渔网里面了，但我却无能为力。

多莉锋利的牙齿伸到渔网线外面。

我一直与渔网保持距离。

海豚外表看起来像只鱼，但实际上，她是一种哺乳动物，不浮出水面呼吸空气，就会溺水而死！

我们恨这种捕鱼船。

死在渔网里的不只是哺乳动物，还有很多鲨鱼。我们必须一直游泳，这样水才会穿过我们的腮，带来所有动物都需要的氧气。一旦我们停止游泳，就会因为缺乏氧气而死亡。

如果多莉死了，我们该多伤心啊！但是，为了不浪费，我也会大餐一顿！多莉很幸运，她想办法咬破了渔网，抽出鳍，及时逃出来了。

宽吻海豚

分类： 哺乳动物——鲸目动物

成年体长： 可达 2 米以上

成年体重： 200 千克以上

栖息地： 温带和热带海洋

食物： 鱼类、鱿鱼、虾、蟹和其他动物。

特征： 真正的鼻孔是头上的喷气孔，牙齿很锋利。

现在出现了越来越多的捕鱼船，他们的渔网几乎能捞捕所有动物。他们过度捕捞鱼类，以至于像我这样的大型猎食者，已经没有足够的食物了。我们只能饿肚子了。

夏季群游

夏天来了，是时候该转移到凉爽的地区了。我们得花上几个星期，才能艰难地游到那里。年长的鲨鱼把这趟旅程叫作“迁徙”，但是我把它叫作“夏季群游”——我们一大群鲨鱼一起进行的游泳运动。这项运动每个夏天我们都会进行。

《鲨鱼的技巧》上有非常重要的迁徙资料。

84 *鲨鱼的技巧*：动物的迁徙

我们一起迁徙吧！
双髻鲨 VS 绿海龟

鲨鱼会成群快速直线迁徙。相对来说，绿海龟没有特定的迁徙路线，比较随意，虽然速度慢，但是路程远。因为，绿海龟的寿命长，他一生中游泳的总路程要比双髻鲨多十倍。

	双髻鲨	绿海龟
年迁徙路程	400~700千米	2000千米
平均游泳速度	4~6千米/小时	3千米/小时
一生游过的路程	15000千米	150000千米

我们向北迁徙，并时刻保证浅水区在我们的左侧。迁徙期间我们很安全，没有人敢攻击几百只凶猛的双髻鲨！我们在凉爽地区逗留几个月之后，就会再次回到我们的海湾。

有时，别的迁徙动物也会和我们一起游上一阵子，比如绿海龟雪莉。凉爽地区有数不清的鲭鱼，到了那里，我们就可以大吃特吃了。这也是我们迁徙的重要原因。

大屠杀

我游泳的时候几乎没吃什么东西，现在真的很饿了。嘿嘿，这里正好有一大群鲭鱼，我可以饱餐一顿。当然，我得先说声抱歉。虽然我不喜欢屠杀，但是我必须猎食才能活下去。在我们离开凉爽地区准备返回的时候，今年的迁徙就结束了。

《鲨鱼的技巧》这本书里解释了为什么我的嗅觉这么灵敏。

112　*鲨鱼的技巧*：猎食

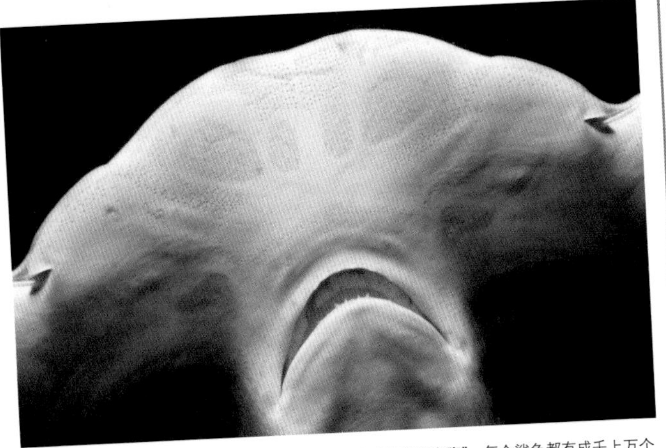

人类科学家把我们这些坑坑洼洼的传感器叫作“劳伦氏壶腹”。每个鲨鱼都有成千上万个这样的传感器。有了传感器，即使在浑浊的水里面或者是夜间，我们的嗅觉和感觉也很敏锐。这就是鲨鱼能在任何时间猎食的原因。我们是全天无休的肉食者！

电传感器

所有鲨鱼的头部和前端底部分布着很多小坑。水中的动物在移动时，他们的肌肉会发出电脉冲，我们身上的小坑对这种电脉冲很敏感。

使用说明

1. 当你需要猎食时，先来回晃动你的头部。

2. 一旦你的传感器接收到电脉冲，就游向脉冲信号最强的地方。

3. 转一个小圈，找出电脉冲的来源和消失的地方。

4. 动作快一点，你的猎物可能会试图逃跑。

猎食愉快！

又老又慢、看上去病恹恹的鱼正好做零食吃。我可以看到他、闻到他，能感受到他激起的涟漪。我会突然转身抓住他。对不起啊，小鱼，你要变成我的美味了！

我上次的大餐是一条味道鲜美的黄貂鱼。当时我正在海床上方游动，一接收到黄貂鱼发出的电信号，身体的传感器就会提醒我。我一头扎进沙子里——抓到了！虽然它的锯齿状尖刺，还有毒液，全部进入我的身体，可是我一点都不在乎呢。我可是很强壮的！

珊瑚岛

从凉爽地区返回海湾的途中，我在珊瑚岛稍做逗留。我还很小的时候，曾来过这个彩色的暗礁区度假。它现在看上去变小了，但是我大了很多。

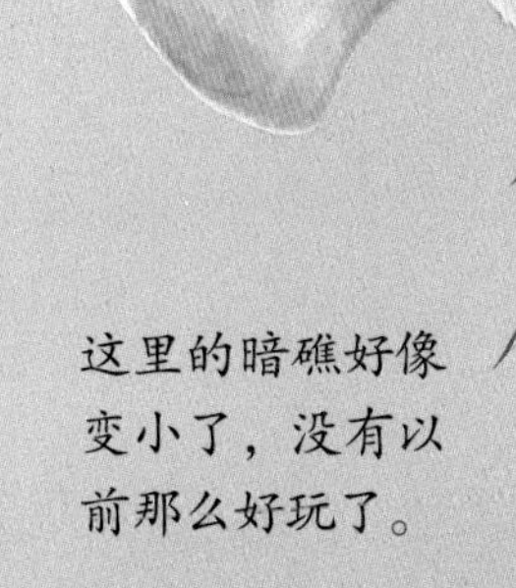

奎妮在珊瑚礁
生活了10年。

女王神仙鱼奎妮对这些细小的珊瑚生物很了解，每个都像是长了刺的有触毛的迷你花朵。

珊瑚的形状
真漂亮！

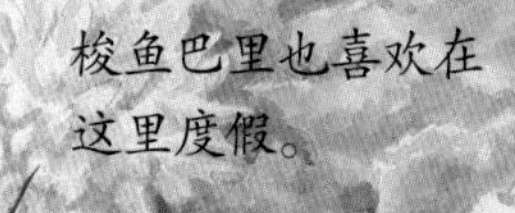

奎妮说，叫作珊瑚虫的小动物会建造石头一样、杯子形状的家，用来保护他们柔软的身体。如果有珊瑚虫死了，其他更多的珊瑚虫会在他的“房子”上面安家，慢慢地就会形成一大片珊瑚礁。

但是现在出现了一些问题。河里的水携带着可怕的化学污染物流进了海洋。乌贼苏西说这些污染物堵住了她的腮，还刺伤了她的眼睛。这些污染物使水温上升、水质变酸，导致珊瑚虫大量死亡。下次路过的时候，珊瑚岛可能就消失了！

遭遇大白鲨！

今天下午，我游经暗礁想找点东西吃。天哪！一条突然冒出来的大白鲨，差点没把我咬成两段！作为一个著名的猎食者，这只是她捕食的小招数。

我利用头部的抬升力奋力向上游去。

我的肌肉帮我奋力、快速地游动。

我尽最大的努力快速地摆动尾巴。

大白鲨

分类：鱼类——鲨鱼

成年体长：6 米，可能更长。

成年体重：2000 千克以上

栖息地：世界各地的热带与温带海域。

特征：体型庞大，牙齿异常锋利；咬力非常强；尾叶几乎对称。

大白鲨的拿手好戏就是从深处迅速游上来，然后狠狠地咬住猎物，比如海狮。猎物很快就会死掉，大白鲨几口就能把猎物吃掉。他们可超级凶残！你看她上电视、电影、海报的次数比我吃残羹冷饭的次数都多。

今天，大白鲨在帮人类的一个电视剧组工作。剧组要向观众展示人类研究大白鲨的情况。我觉得大白鲨真的是实至名归，年长的鲨鱼说她是世界上最大的肉食性鱼类。

一般猎食者都不会让我感到害怕。除了公牛鲨和虎鲨。还有我的堂兄亚历山大，也是只双髻鲨，但是它可比我大多了。就这些了。哦，对了，还有虎鲸这个大家伙……

大家眼里的我

前面的故事里，我已经向大家讲了很多我遇到的动物。现在来看看这些动物眼里的我吧！

“双髻鲨还行，我觉得。头长得怪了一点，嘴巴也很小。但是也没人比我长得帅啦！”

“我很少遇到他，所以我也不太了解他们。双髻鲨看起来是比较温顺的鲨鱼，而且从来没咬过我。不过，如果他真的想咬我的话，我也可以很快转身狠狠地咬他，你知道吧！”

“我只见过那只双髻鲨一次，就是那次飓风之后。作为一只鲨鱼来说，他很体贴。但是我觉得如果有掉队的鲑鱼，他还是会一口吃掉的。”

“海豚和鲨鱼有着说不清的亲戚关系。我们体型差不多，外形也相似，吃的食物也有很多相似的地方。但是我们还是有很大区别。比如，我得呼吸空气。如果必须做一只鲨鱼，我宁愿是双髻鲨。”

“那次被船撞伤之后，双髻鲨保护了我。当时水里已经有很多血了，其他鲨鱼都没靠近。但是我知道，对一只鲨鱼来说，朋友变敌人是很简单的事。”

动物小辞典

贝类：有坚硬外壳用于保护自己的水生动物，比如海螺、贝壳、蛤蜊和帽贝。很多贝类属于软体动物。

哺乳动物：有皮毛或毛发、有骨质骨架、幼崽以母乳为食的恒温动物。

电感应器:敏感的身体部位，可以探测到水中的电流，尤其是动物肌肉活动引发的自然电脉冲。

毒液：用尖锐的身体部位（比如牙齿、刺或螯）刺入猎物体内的有害物质。毒液会引发疼痛、麻木甚至死亡。

浮游生物：在水中随波逐流的小型生物，不能依靠自己的力量在水中游泳。大部分是肉眼看不见的微生物。

魟鱼:鲨鱼的近亲,身体扁平且两侧有扁平的“翅膀”，和鳐鱼相似。

礁：海平面或者海平面下面的巨型坚硬结构。珊瑚礁是由很多很多叫作珊瑚虫的微小生物构成的。

群游：在大洋中，成群的鱼类或类似的水生动物以相互协作的方式聚在一起、朝同一个方向移动。

软骨：质地较轻却很强壮、光滑的物质，有相当的硬度但可弯曲。鲨鱼和类似鱼类的骨架就是由软骨构成的。

软体动物：一种身体异常柔韧的动物类型，有触手，有的有壳。章鱼、鱿鱼、贝类如海螺、牡蛎、蚌类和蛤蜊都是软体动物。

伪装:在形状、颜色和花色上与周围的环境融为一体，以免引起注意。

氧气：一种几乎所有动物都需要赖以生存的元素。它出现在空气中，也可以溶于水。

鳐：鲨鱼的近亲，身体扁平且两侧有扁平状“翅膀”，状似风筝，尾部有鞭状的毒刺。

图书在版编目(CIP)数据

听鲨鱼讲故事 / （英）帕克著；（英）斯科特绘；孙金红译. —武汉：长江少年儿童出版社，2014.5
（动物王国大探秘）
书名原文：Shark
ISBN 978-7-5560-0204-7

Ⅰ.①听… Ⅱ.①帕… ②斯… ③孙… Ⅲ.①海产鱼类—儿童读物 Ⅳ.①Q959.4-49

中国版本图书馆CIP数据核字（2014）第006105号
著作权合同登记号：图字17-2013-263

听鲨鱼讲故事

[英] 史蒂夫・帕克 / 著 [英] 彼特・大卫・斯科特 / 绘 孙金红 / 译
责任编辑 / 罗 萍 叶 朋 黄 刚
装帧设计 / 叶乾乾 美术编辑 / 郭 盼
出版发行 / 长江少年儿童出版社
经销 / 全国新华书店
印刷 / 当纳利（广东）印务有限公司
开本 / 889×1194 1 / 12 3印张
版次 / 2021年10月第1版第17次印刷
书号 / ISBN 978-7-5560-0204-7
定价 / 22.00元

Animal Diaries: Shark

By Steve Parker
Editor Carey Scott
Illustrator Peter David Scott/The Art Agency
Designer Dave Ball

First published in the UK in 2012 by QED Publishing, A Quarto Group company, The Old Brewery, 6 Blundell St, London N7 9BH, UK, https://www.quartoknows.com/

策划 / 海豚传媒股份有限公司
网址 / www.dolphinmedia.cn 邮箱 / dolphinmedia@vip.163.com
阅读咨询热线/ 027-87391723 销售热线/ 027-87396822
海豚传媒常年法律顾问 / 湖北珞珈律师事务所 王清 027-68754966-227